10급 암산 급수

대한암산수학연구소

제1회 가암산

1교시

제한시간 : 3분

걸린시간 : _____ 분 _____ 초

1	2	3	4	5
4	2	3	8	4
8	9	5	3	9
7	5	8	7	6
5	4	5	2	1

6	7	8	9	10
3	6	8	9	4
7	4	7	6	9
9	8	4	4	6
6	3	1	2	7

점수	

확인	

2교시

제한시간 : 3분

걸린시간 : _____ 분 _____ 초

1	2	3	4	5
6	8	4	3	8
5	7	9	6	-6
-1	-5	-2	-7	7
9	6	7	8	6

6	7	8	9	10
7	8	6	3	4
-2	4	-1	6	8
4	7	4	2	-2
3	-6	1	-1	6

점수		확인	

제1회 가감암산

3교시

제한시간 : 3분

걸린시간 : _____ 분 _____ 초

1	2	3	4	5
4	9	6	8	9
8	−6	9	4	1
−2	7	4	7	8
6	7	−7	−6	−7

6	7	8	9	10
5	8	4	7	7
4	3	8	−1	5
6	−1	9	3	6
−5	9	−1	2	−3

점수		확인	

1교시

제한시간 : 3분

걸린시간 : _____ 분 _____ 초

1	2	3	4	5
8	3	4	2	6
9	8	6	7	5
9	7	7	8	8
2	5	3	4	1

6	7	8	9	10
6	9	8	9	8
4	2	7	2	8
9	8	4	6	5
7	6	1	3	7

점수		확인	

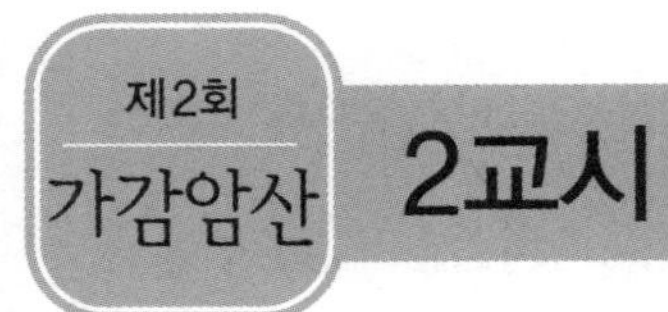

2교시

제한시간 : 3분

걸린시간 : _____ 분 _____ 초

1	2	3	4	5
4	6	7	9	8
8	9	5	−6	−5
6	−5	−2	5	6
−7	8	7	2	3

6	7	8	9	10
4	7	8	7	5
6	−1	7	4	4
7	3	4	8	−3
−2	1	−6	−5	9

점수		확인	

3교시

제한시간 : 3분

걸린시간 : _____ 분 _____ 초

1	2	3	4	5
7 9 −5 3	6 −5 8 1	8 −2 5 7	6 4 8 −7	9 3 −2 8

6	7	8	9	10
4 8 6 −7	8 −6 7 2	6 5 −1 7	9 −7 2 6	2 6 5 −3

점수		확인	

제3회 가암산

1교시

제한시간 : 3분

걸린시간 : _____ 분 _____ 초

1	2	3	4	5
7 5 9 7	8 4 5 9	6 5 8 1	8 1 7 4	4 6 9 3

6	7	8	9	10
9 2 6 8	4 7 3 6	7 5 6 3	9 6 4 1	7 8 4 2

점수		확인	

2교시

제한시간 : 3분

걸린시간 : _____ 분 _____ 초

1	2	3	4	5
6	7	9	7	8
2	9	−6	−1	4
5	−5	8	3	7
−3	3	9	6	−8

6	7	8	9	10
4	9	7	5	2
7	−7	−6	4	9
−1	6	8	3	8
7	2	1	−1	−4

점수		확인	

제3회
가감암산

3교시

제한시간 : 3분

걸린시간 : _____ 분 _____ 초

1	2	3	4	5
6	5	6	7	8
2	3	5	4	−5
−7	−6	−1	8	6
9	8	7	−6	1

6	7	8	9	10
9	4	2	6	9
6	7	7	−1	−6
−5	7	3	4	9
4	−6	−1	2	9

점수		확인	

제4회 가암산

1교시

제한시간 : 3분

걸린시간 : _____ 분 _____ 초

1	2	3	4	5
3	4	2	8	5
6	5	9	7	4
6	8	7	4	2
5	9	3	1	9

6	7	8	9	10
6	6	4	7	4
5	4	8	5	7
7	9	7	7	8
4	3	6	1	2

점수		확인	

제4회
가감암산

2교시

제한시간 : 3분

걸린시간 : _____ 분 _____ 초

1	2	3	4	5
2	9	4	8	8
9	-6	8	-2	5
-1	7	-1	3	-3
8	8	9	1	6

6	7	8	9	10
9	6	7	9	3
-5	4	-5	-6	8
6	9	6	5	-1
7	-8	2	3	9

점수		확인	

3교시

제한시간 : 3분

걸린시간 : _____ 분 _____ 초

1	2	3	4	5
6	4	9	8	9
5	8	6	7	−2
−1	−2	−5	4	2
8	7	9	−6	1

6	7	8	9	10
6	8	8	7	9
3	9	3	4	9
2	−7	6	8	8
−1	4	−5	−6	−5

점수		확인	

제5회
가암산

1교시

제한시간 : 3분

걸린시간 : _____ 분 _____ 초

1	2	3	4	5
3 8 6 5	2 7 7 4	4 9 5 3	9 6 4 1	7 2 9 2

6	7	8	9	10
7 8 3 5	8 7 4 1	6 4 9 3	5 4 6 5	4 7 9 2

점수		확인	

2교시

제한시간 : 3분

걸린시간 : _____ 분 _____ 초

1	2	3	4	5
6	7	3	4	9
3	4	8	9	6
−5	−1	−1	−2	−5
7	8	9	7	3

6	7	8	9	10
8	8	7	9	6
3	−3	4	2	5
−1	4	−1	6	7
5	1	8	−5	−3

점수		확인	

제5회
가감암산

3교시

제한시간 : 3분

걸린시간 : _____ 분 _____ 초

1	2	3	4	5
9	4	6	8	5
4	8	5	3	4
−2	9	7	−1	2
3	−1	−2	9	−1

6	7	8	9	10
8	9	4	7	6
7	6	9	4	5
4	3	−3	−1	−1
−6	−5	7	8	3

점수		확인	

1교시

제한시간 : 3분

걸린시간 : _____ 분 _____ 초

1	2	3	4	5
2 6 8 4	3 6 9 2	4 7 8 1	8 4 6 3	7 5 7 6

6	7	8	9	10
9 3 6 2	6 5 8 1	8 9 2 7	7 8 2 9	3 5 8 5

점수		확인	

제6회 가감암산

2교시

제한시간 : 3분

걸린시간 : _____ 분 _____ 초

1	2	3	4	5
9	9	9	7	8
3	7	8	8	4
−2	−5	−2	−5	−1
5	6	4	9	3

6	7	8	9	10
6	9	5	9	6
5	6	4	1	9
8	4	2	7	−5
−6	−3	−1	−2	4

점수		확인	

3교시

제한시간 : 3분

걸린시간 : _____ 분 _____ 초

1	2	3	4	5
6	5	8	8	9
9	4	3	5	4
-5	8	-1	-2	6
8	-2	8	5	-7

6	7	8	9	10
8	9	7	9	6
7	1	2	2	5
4	8	6	8	-1
-9	-3	-5	-7	8

점수		확인	

제7회 가암산

1교시

제한시간 : 3분

걸린시간 : _____ 분 _____ 초

1	2	3	4	5
8 2 7 3	7 4 8 5	8 7 4 6	3 9 7 1	5 4 8 9

6	7	8	9	10
6 5 8 7	8 3 8 1	9 2 8 6	4 8 7 6	7 4 7 9

점수		확인	

2교시

제한시간 : 3분

걸린시간 : _____ 분 _____ 초

1	2	3	4	5
8	7	9	9	8
3	8	4	1	7
−1	−5	9	3	−5
8	2	−2	−2	4

6	7	8	9	10
9	6	8	9	3
6	3	7	8	6
4	2	−5	−1	7
−8	−1	2	5	−5

점수		확인	

제7회
가감암산

3교시

제한시간 : 3분

걸린시간 : _____ 분 _____ 초

1	2	3	4	5
4	6	8	9	5
9	5	3	8	3
−3	−1	7	9	7
7	8	−3	−5	−5

6	7	8	9	10
7	8	5	9	7
4	1	4	1	8
8	2	6	6	−5
−2	−1	−5	−1	3

점수		확인	

제8회 가암산

1교시

제한시간 : 3분

걸린시간 : _____ 분 _____ 초

1	2	3	4	5
8	7	7	4	6
3	4	5	7	5
7	8	7	6	9
4	6	8	9	7

6	7	8	9	10
8	5	9	7	9
2	4	6	4	2
9	8	4	8	8
1	3	1	1	7

점수		확인	

제8회
가감암산

2교시

제한시간 : 3분

걸린시간 : _____ 분 _____ 초

1	2	3	4	5
2 9 -1 8	3 7 9 -6	6 5 -1 7	4 8 -2 9	9 1 7 -5

6	7	8	9	10
5 4 6 -5	9 2 6 -2	7 4 -1 5	8 3 7 -6	6 5 -1 8

점수		확인	

제8회 가감암산

3교시

제한시간 : 3분

걸린시간 : _____ 분 _____ 초

1	2	3	4	5
7	9	6	3	8
4	2	5	9	3
−1	7	−1	−2	−1
9	−6	6	7	4

6	7	8	9	10
9	7	4	9	9
1	8	7	3	6
6	−5	−1	−2	4
−1	4	3	7	−8

점수		확인	

제9회
가암산

1교시

제한시간 : 3분

걸린시간 : _____ 분 _____ 초

1	2	3	4	5
2 7 7 4	4 5 3 9	6 5 7 2	9 2 8 1	8 3 2 7

6	7	8	9	10
3 5 8 9	5 4 6 5	4 8 7 1	9 6 4 4	6 3 5 7

점수		확인	

2교시

제한시간 : 3분

걸린시간 : _____ 분 _____ 초

1	2	3	4	5
4	7	3	9	4
8	5	9	6	7
−2	−2	7	4	−1
9	6	−6	−3	6

6	7	8	9	10
8	7	9	8	9
4	5	3	2	1
9	−2	−1	9	7
−1	7	6	−5	−2

점수		확인	

제9회

가감암산

3교시

제한시간 : 3분

걸린시간 : _____ 분 _____ 초

1	2	3	4	5
6	7	9	8	9
5	9	7	8	2
−1	−1	−5	−5	−1
8	5	3	3	8

6	7	8	9	10
7	9	6	9	3
3	4	3	1	9
7	−3	6	8	−2
−2	7	−5	−2	5

점수		확인	

제10회
가암산

1교시

제한시간 : 3분

걸린시간 : _____ 분 _____ 초

1	2	3	4	5
7	6	3	9	6
4	5	8	9	2
3	9	6	2	7
6	8	3	7	4

6	7	8	9	10
4	8	5	7	8
5	7	3	3	5
1	5	8	9	6
8	2	4	1	2

점수		확인	

제10회 가감암산

2교시

제한시간 : 3분

걸린시간 : _____ 분 _____ 초

1	2	3	4	5
2	6	4	9	6
9	5	8	3	5
7	-1	-2	7	-1
-3	3	6	-5	6

6	7	8	9	10
9	8	4	9	3
2	4	7	1	6
8	-2	8	9	6
-7	3	-6	-3	-5

점수		확인	

3교시

제한시간 : 3분

걸린시간 : _____ 분 _____ 초

1	2	3	4	5
7	3	9	6	9
4	6	2	5	1
-1	-5	8	7	3
9	8	-2	-3	-2

6	7	8	9	10
8	3	9	4	9
8	9	6	7	9
-5	-2	3	-1	-1
9	7	-7	9	3

점수		확인	

제11회
가암산

1교시

제한시간 : 3분

걸린시간 : _____ 분 _____ 초

1	2	3	4	5
3 7 2 9	4 8 7 5	7 4 6 8	4 6 7 5	5 3 7 4

6	7	8	9	10
9 3 7 1	5 4 2 9	8 5 7 6	3 6 1 9	8 4 5 3

점수		확인	

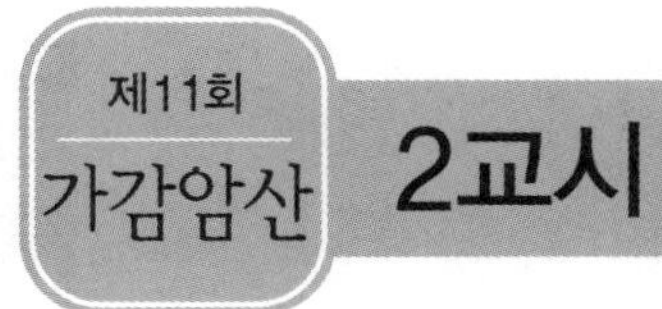

2교시

제한시간 : 3분

걸린시간 : _____ 분 _____ 초

1	2	3	4	5
8 -6 9 7	7 8 -5 9	8 3 -1 9	9 3 7 -4	6 5 -1 8

6	7	8	9	10
5 4 7 -6	9 2 8 -2	7 4 8 -3	2 7 -5 6	9 1 6 -5

점수		확인	

제11회 가감암산

3교시

제한시간 : 3분

걸린시간 : _____ 분 _____ 초

1	2	3	4	5
5 1 9 −5	9 4 −3 8	7 5 −2 7	9 2 5 −1	9 1 7 −5

6	7	8	9	10
8 4 −2 5	9 3 −2 6	6 3 6 −5	7 8 4 −3	8 7 4 −2

점수		확인	

1교시

제한시간 : 3분

걸린시간 : _____ 분 _____ 초

1	2	3	4	5
4	8	5	4	7
8	3	5	7	9
7	6	7	6	4
5	3	8	5	2

6	7	8	9	10
3	7	4	9	6
6	4	8	6	2
2	5	2	4	7
9	9	6	1	4

점수		확인	

제12회
가감암산

2교시

제한시간 : 3분

걸린시간 : _____ 분 _____ 초

1	2	3	4	5
9	9	8	7	5
1	6	7	4	4
7	−5	−5	8	−6
−1	7	6	−1	8

6	7	8	9	10
4	9	6	9	7
7	3	5	2	9
−1	7	−1	8	−1
3	−6	9	−4	2

점수		확인	

3교시

제한시간 : 3분

걸린시간 : _____ 분 _____ 초

1	2	3	4	5
2	6	3	4	5
7	5	6	9	2
−6	8	2	6	−6
7	−4	−1	−7	9

6	7	8	9	10
7	6	8	7	9
8	9	3	4	1
−5	−5	7	7	4
6	4	−5	−8	−2

점수	

확인	

제13회 가암산

1교시

제한시간 : 3분

걸린시간 : _____ 분 _____ 초

1	2	3	4	5
3 5 8 4	7 4 6 3	6 5 7 2	4 8 5 4	2 9 6 3

6	7	8	9	10
5 4 1 8	4 6 7 9	6 5 2 7	3 8 6 4	9 6 4 2

점수	

확인	

2교시

제한시간 : 3분

걸린시간 : _____ 분 _____ 초

1	2	3	4	5
6 5 −1 9	4 9 −1 8	7 4 7 −6	4 7 −1 9	5 4 8 −6

6	7	8	9	10
8 4 −2 7	9 3 9 −1	6 5 −1 7	9 1 7 −6	4 9 8 −1

점수		확인	

제13회 가감암산

3교시

제한시간 : 3분

걸린시간 : _____ 분 _____ 초

1	2	3	4	5
8	9	3	6	4
−5	1	5	5	7
8	8	−6	−1	−1
9	−2	8	4	8

6	7	8	9	10
9	8	4	6	9
3	5	7	9	2
−2	−3	−1	−5	−1
5	2	7	4	8

점수	

확인	

제14회 가암산

1교시

제한시간 : 3분

걸린시간 : _____ 분 _____ 초

1	2	3	4	5
7	8	4	5	6
9	2	5	4	3
2	7	1	8	8
7	4	9	3	8

6	7	8	9	10
9	3	4	7	2
2	9	8	5	9
8	6	5	9	7
6	5	8	3	5

점수		확인	

제14회
가감암산

2교시

제한시간 : 3분

걸린시간 : _____ 분 _____ 초

1	2	3	4	5
6 3 -7 8	7 4 -1 9	6 9 -5 4	8 3 -1 9	4 8 -2 3

6	7	8	9	10
9 -4 2 5	7 4 3 -2	4 8 -2 9	8 8 -5 6	9 4 -3 8

점수		확인	

3교시

제한시간 : 3분

걸린시간 : _____ 분 _____ 초

1	2	3	4	5
2	3	4	3	4
7	8	5	6	5
−5	3	−7	7	7
6	−4	8	−5	−5

6	7	8	9	10
6	8	7	9	7
5	3	9	4	4
−1	−1	9	9	−1
3	4	−5	−2	9

점수		확인	

제15회
가암산

1교시

제한시간 : 3분

걸린시간 : _____ 분 _____ 초

1	2	3	4	5
3	3	8	7	4
7	6	4	4	9
8	2	9	6	8
4	9	5	5	9

6	7	8	9	10
5	6	9	2	8
4	9	2	8	2
7	4	6	7	7
5	1	3	4	3

점수		확인	

2교시

제한시간 : 3분

걸린시간 : _____ 분 _____ 초

1	2	3	4	5
8	7	7	9	6
5	9	5	7	5
−3	−6	9	−6	−1
7	8	−1	8	4

6	7	8	9	10
9	7	8	7	9
4	8	9	4	6
−2	−5	−6	7	−5
9	6	9	−2	3

점수		확인	

제15회 가감암산

3교시

제한시간 : 3분

걸린시간 : _____ 분 _____ 초

1	2	3	4	5
3	7	8	4	8
8	9	3	9	9
8	9	−1	−3	5
−6	−5	6	8	−2

6	7	8	9	10
9	6	8	7	4
7	4	5	5	5
−5	7	8	−2	6
7	−6	−1	3	−5

점수		확인	

1교시

제한시간 : 3분

걸린시간 : _____ 분 _____ 초

1	2	3	4	5
7	8	7	9	6
2	3	4	4	3
8	6	8	5	5
4	5	1	7	7

6	7	8	9	10
6	5	8	4	3
5	1	2	7	6
7	9	6	6	7
3	5	5	8	5

점수	

확인	

제16회
가감암산

2교시

제한시간 : 3분

걸린시간 : _____ 분 _____ 초

1	2	3	4	5
8	9	8	6	8
-6	3	5	9	5
7	-2	-3	3	-1
5	5	6	-5	8

6	7	8	9	10
6	8	7	4	3
5	3	9	9	9
8	-1	-6	9	9
-7	9	8	-1	-1

점수		확인	

3교시

제한시간 : 3분

걸린시간 : _____ 분 _____ 초

1	2	3	4	5
5	8	7	6	9
4	3	9	5	6
−6	−1	−5	8	−5
7	6	9	−7	6

6	7	8	9	10
3	4	3	8	9
9	7	9	5	2
−1	8	−2	−3	−1
9	−6	8	6	7

점수		확인	

제17회 가암산

1교시

제한시간 : 3분

걸린시간 : _____ 분 _____ 초

1	2	3	4	5
7	8	5	6	9
3	5	3	5	2
5	6	8	6	8
5	7	9	8	6

6	7	8	9	10
2	3	8	6	7
7	5	7	3	3
1	7	5	2	3
5	5	9	9	8

점수		확인	

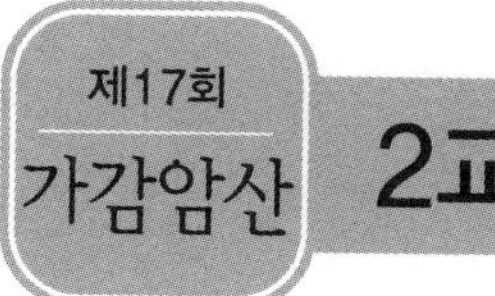

2교시

제한시간 : 3분

걸린시간 : _____ 분 _____ 초

1	2	3	4	5
9	9	7	6	8
4	3	9	5	5
−3	−2	3	−1	−2
7	5	−8	8	9

6	7	8	9	10
7	9	8	9	6
5	4	4	3	5
9	−1	6	6	−1
−1	8	−5	−2	8

점수		확인	

제17회 가감암산

3교시

제한시간 : 3분

걸린시간 : _____ 분 _____ 초

1	2	3	4	5
5 4 6 −5	4 6 8 −6	6 3 −5 9	8 3 8 −5	7 4 −1 6

6	7	8	9	10
9 5 −3 9	9 3 −2 5	7 5 9 −1	8 4 −2 3	6 5 −1 9

점수		확인	

1교시

제한시간 : 3분

걸린시간 : _____ 분 _____ 초

1	2	3	4	5
5	4	6	6	7
4	5	5	4	5
7	8	3	9	7
4	9	6	2	1

6	7	8	9	10
7	6	8	7	4
4	5	1	2	8
3	1	3	5	7
5	8	9	6	6

점수		확인	

제18회 가감암산

2교시

제한시간 : 3분

걸린시간 : _____ 분 _____ 초

1	2	3	4	5
7	8	7	9	6
4	4	8	2	5
8	−2	4	−1	−1
−5	5	−6	7	8

6	7	8	9	10
8	7	6	9	9
5	9	3	7	8
8	9	8	5	5
−1	−5	−6	−1	−2

점수		확인	

3교시

제한시간 : 3분

걸린시간 : _____ 분 _____ 초

1	2	3	4	5
7	8	6	7	9
8	5	5	8	4
−5	9	−1	−5	−3
4	−2	7	9	7

6	7	8	9	10
7	6	9	9	6
9	9	1	4	5
5	4	8	−2	−1
−1	−2	−7	9	8

점수		확인	

제19회
가암산

1교시

제한시간 : 3분

걸린시간 : _____ 분 _____ 초

1	2	3	4	5
8	4	6	8	7
2	6	5	3	4
9	8	9	2	6
1	5	4	7	8

6	7	8	9	10
5	9	7	4	6
4	2	5	8	2
7	6	9	7	7
9	9	3	1	4

점수	

확인	

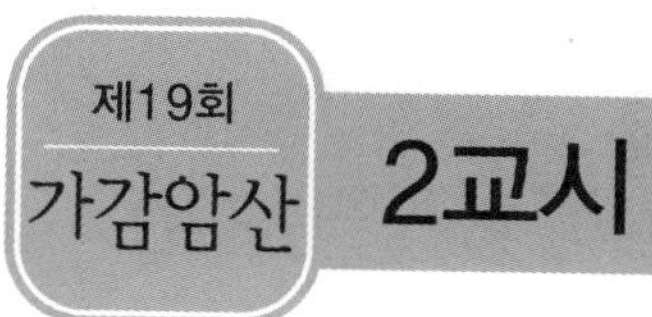

2교시

제한시간 : 3분

걸린시간 : _____ 분 _____ 초

1	2	3	4	5
7 8 −5 9	8 9 −6 7	6 5 −1 6	9 4 −2 9	8 5 −3 4

6	7	8	9	10
4 5 8 −6	7 9 −6 5	7 8 2 −6	9 4 8 −1	8 5 −3 8

점수		확인	

3교시

제한시간 : 3분

걸린시간 : _____ 분 _____ 초

1	2	3	4	5
6	7	9	8	7
5	4	6	7	9
−1	−1	−5	−5	3
3	9	6	4	−8

6	7	8	9	10
8	7	9	6	2
3	5	2	5	9
−1	−2	−1	−1	6
5	8	6	2	−5

점수		확인	

제20회 가암산

1교시

제한시간 : 3분

걸린시간 : _____ 분 _____ 초

1	2	3	4	5
2 9 6 3	4 5 8 4	5 3 8 9	7 4 9 6	3 6 1 8

6	7	8	9	10
6 5 8 1	9 2 5 5	8 4 7 3	6 5 3 7	8 3 3 9

점수		확인	

제20회 가감암산

2교시

제한시간 : 3분

걸린시간 : _____ 분 _____ 초

1	2	3	4	5
7	8	6	7	9
5	5	4	8	7
−2	−1	6	−5	−5
5	7	−5	6	3

6	7	8	9	10
6	7	8	9	8
5	9	9	6	5
7	−5	4	−5	6
−6	7	−1	7	−4

점수		확인	

3교시

제한시간 : 3분

걸린시간 : _____ 분 _____ 초

1	2	3	4	5
9	7	9	6	9
3	9	8	9	2
−2	−5	−5	−5	−1
3	3	9	7	8

6	7	8	9	10
8	4	3	4	8
7	9	9	7	9
−5	−2	9	8	−6
4	8	−1	−5	3

점수		확인	

제21회 가암산

1교시

제한시간 : 3분

걸린시간 : _____ 분 _____ 초

1	2	3	4	5
4 7 5 3	7 2 8 8	6 4 7 8	5 3 5 7	8 3 6 3

6	7	8	9	10
3 8 7 5	9 2 9 6	6 2 5 8	4 5 1 8	7 4 6 4

점수		확인	

2교시

제한시간 : 3분

걸린시간 : _____ 분 _____ 초

1	2	3	4	5
7	8	8	9	8
5	4	5	−6	7
−2	9	8	9	−5
6	−1	−1	7	6

6	7	8	9	10
6	7	4	8	9
5	8	7	8	3
8	−5	7	−6	7
−4	3	−6	5	−4

점수		확인	

제21회 가감암산

3교시

제한시간 : 3분

걸린시간 : _____ 분 _____ 초

1	2	3	4	5
4 7 −1 5	8 5 −3 6	7 5 −2 6	9 2 −1 4	3 8 7 −5

6	7	8	9	10
6 5 −1 3	9 9 −6 8	7 5 9 −1	8 3 7 −6	9 5 −3 9

점수		확인	

제22회 가암산

1교시

제한시간 : 3분

걸린시간 : _____ 분 _____ 초

1	2	3	4	5
5	7	8	6	9
4	4	3	3	6
4	5	6	3	3
8	5	5	9	3

6	7	8	9	10
4	8	7	3	6
7	5	8	6	5
6	5	4	7	7
5	2	1	9	9

점수	

확인	

제22회 가감암산

2교시

제한시간 : 3분

걸린시간 : _____ 분 _____ 초

1	2	3	4	5
7	4	6	7	8
5	5	5	9	3
−2	7	−1	9	−1
8	−1	7	−5	8

6	7	8	9	10
9	6	7	8	8
7	9	8	4	5
−5	2	−5	−1	8
6	−7	8	9	−1

점수		확인	

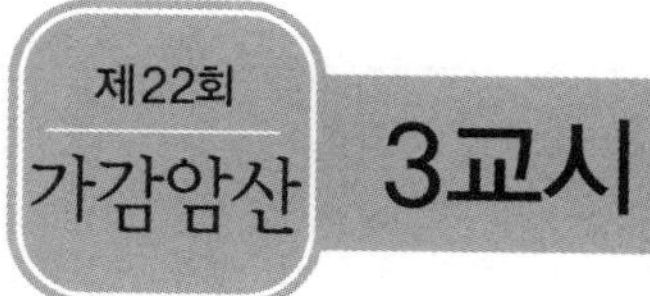

3교시

제한시간 : 3분

걸린시간 : _____ 분 _____ 초

1	2	3	4	5
9 6 −5 4	7 9 5 −1	6 9 −5 9	8 9 −6 5	7 5 −2 8

6	7	8	9	10
6 9 −5 5	7 4 3 −2	9 7 5 −1	8 1 8 −6	7 2 6 −5

점수		확인	

제23회 가암산

1교시

제한시간 : 3분

걸린시간 : _____ 분 _____ 초

1	2	3	4	5
7 3 7 4	8 8 9 2	6 5 8 1	7 4 8 3	4 9 5 7

6	7	8	9	10
5 3 5 8	9 3 7 5	9 7 3 2	6 5 8 3	7 4 7 5

점수		확인	

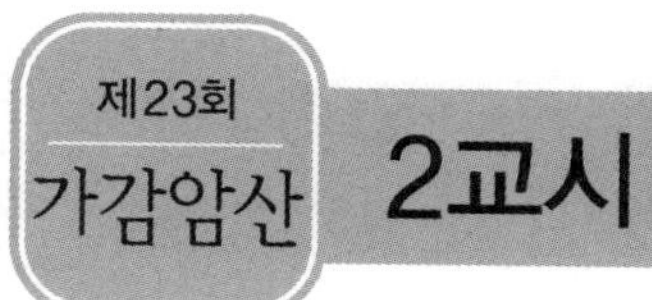

2교시

제한시간 : 3분

걸린시간 : _____ 분 _____ 초

1	2	3	4	5
9	9	6	7	8
8	4	9	5	4
−7	−3	−5	7	−2
4	7	4	−8	9

6	7	8	9	10
8	6	7	9	4
3	3	2	4	7
8	4	6	5	−1
−7	−3	−5	−6	8

점수		확인	

제23회 가감암산

3교시

제한시간 : 3분

걸린시간 : _____ 분 _____ 초

1	2	3	4	5
5	7	8	8	6
3	9	4	7	5
9	−6	6	4	−1
−7	2	−8	−6	9

6	7	8	9	10
9	8	7	9	8
2	4	3	1	5
−1	−2	9	8	−3
4	5	−3	−7	6

점수		확인	

1교시

제한시간 : 3분

걸린시간 : _____ 분 _____ 초

1	2	3	4	5
6 2 7 4	7 2 3 8	5 3 4 6	4 8 6 5	9 5 8 6

6	7	8	9	10
8 9 4 1	7 5 7 1	4 5 6 4	9 2 7 4	9 1 8 2

점수		확인	

제24회 가감암산

2교시

제한시간 : 3분

걸린시간 : _____ 분 _____ 초

1	2	3	4	5
4 8 −1 9	9 4 −2 3	8 5 6 −4	6 9 4 −5	9 1 8 −3

6	7	8	9	10
9 5 −3 6	8 8 −6 7	6 4 8 −7	9 2 6 −5	8 3 7 −8

점수		확인	

3교시

제한시간 : 3분

걸린시간 : _____ 분 _____ 초

1	2	3	4	5
8	8	7	9	6
5	4	5	6	9
8	9	6	2	−5
−1	−1	−7	−5	8

6	7	8	9	10
7	8	9	8	9
9	5	−3	3	7
−6	9	5	7	2
4	−2	9	−3	−6

점수		확인	

제25회
가암산

1교시

제한시간 : 3분

걸린시간 : _____ 분 _____ 초

1	2	3	4	5
2 6 8 5	7 2 1 3	3 6 5 6	6 9 1 5	4 7 6 3

6	7	8	9	10
5 4 7 9	7 2 5 8	9 4 6 3	8 8 2 7	6 1 9 2

점수		확인	

2교시

제한시간 : 3분

걸린시간 : _____ 분 _____ 초

1	2	3	4	5
6	7	8	6	9
9	9	9	3	7
−5	−6	−6	6	9
4	8	9	−5	−5

6	7	8	9	10
7	8	7	9	6
5	5	8	7	9
−2	9	−5	−6	−5
8	−1	6	7	8

점수		확인	

제25회 가감암산

3교시

제한시간 : 3분

걸린시간 : _____ 분 _____ 초

1	2	3	4	5
6 2 8 -6	7 2 6 -5	8 8 -5 9	6 9 -5 7	9 9 -5 8

6	7	8	9	10
6 3 2 -1	7 2 3 -2	9 2 -1 6	8 3 6 -7	4 9 6 -5

점수		확인	

정답

제1회

2쪽_ 1교시

① 24 ② 20 ③ 21 ④ 20 ⑤ 20
⑥ 25 ⑦ 21 ⑧ 20 ⑨ 21 ⑩ 26

3쪽_ 2교시

① 19 ② 16 ③ 18 ④ 10 ⑤ 15
⑥ 12 ⑦ 13 ⑧ 10 ⑨ 10 ⑩ 16

4쪽_ 3교시

① 16 ② 17 ③ 12 ④ 13 ⑤ 11
⑥ 10 ⑦ 19 ⑧ 20 ⑨ 11 ⑩ 15

제2회

5쪽_ 1교시

① 28 ② 23 ③ 20 ④ 21 ⑤ 20
⑥ 26 ⑦ 25 ⑧ 20 ⑨ 20 ⑩ 28

6쪽_ 2교시

① 11 ② 18 ③ 17 ④ 10 ⑤ 12
⑥ 15 ⑦ 10 ⑧ 13 ⑨ 14 ⑩ 15

7쪽_ 3교시

① 14 ② 10 ③ 18 ④ 11 ⑤ 18
⑥ 11 ⑦ 11 ⑧ 17 ⑨ 10 ⑩ 10

제3회

8쪽_ 1교시

① 28 ② 26 ③ 20 ④ 20 ⑤ 22
⑥ 25 ⑦ 20 ⑧ 21 ⑨ 20 ⑩ 21

9쪽_ 2교시

① 10 ② 14 ③ 20 ④ 15 ⑤ 11
⑥ 17 ⑦ 10 ⑧ 10 ⑨ 11 ⑩ 15

10쪽_ 3교시

① 10 ② 10 ③ 17 ④ 13 ⑤ 10
⑥ 14 ⑦ 12 ⑧ 11 ⑨ 11 ⑩ 21

제4회

11쪽_ 1교시

① 20 ② 26 ③ 21 ④ 20 ⑤ 20
⑥ 22 ⑦ 22 ⑧ 25 ⑨ 20 ⑩ 21

12쪽_ 2교시

① 18 ② 18 ③ 20 ④ 10 ⑤ 16
⑥ 17 ⑦ 11 ⑧ 10 ⑨ 11 ⑩ 19

13쪽_ 3교시

① 18 ② 17 ③ 19 ④ 13 ⑤ 10
⑥ 10 ⑦ 14 ⑧ 12 ⑨ 13 ⑩ 21

제5회

14쪽_ 1교시

① 22 ② 20 ③ 21 ④ 20 ⑤ 20
⑥ 23 ⑦ 20 ⑧ 22 ⑨ 20 ⑩ 22

15쪽_ 2교시

① 11 ② 18 ③ 19 ④ 18 ⑤ 13
⑥ 15 ⑦ 10 ⑧ 18 ⑨ 12 ⑩ 15

16쪽_ 3교시

① 14 ② 20 ③ 16 ④ 19 ⑤ 10
⑥ 13 ⑦ 13 ⑧ 17 ⑨ 18 ⑩ 13

제6회

17쪽_ 1교시

① 20 ② 20 ③ 20 ④ 21 ⑤ 25
⑥ 20 ⑦ 20 ⑧ 26 ⑨ 26 ⑩ 21

18쪽_ 2교시

① 15 ② 17 ③ 19 ④ 19 ⑤ 14
⑥ 13 ⑦ 16 ⑧ 10 ⑨ 15 ⑩ 14

19쪽_ 3교시

① 18 ② 15 ③ 18 ④ 16 ⑤ 12
⑥ 10 ⑦ 15 ⑧ 10 ⑨ 12 ⑩ 18

제7회

20쪽_ 1교시

① 20 ② 24 ③ 25 ④ 20 ⑤ 26
⑥ 26 ⑦ 20 ⑧ 25 ⑨ 25 ⑩ 27

21쪽_ 2교시

① 18 ② 12 ③ 20 ④ 11 ⑤ 14
⑥ 11 ⑦ 10 ⑧ 12 ⑨ 21 ⑩ 11

22쪽_ 3교시

① 17 ② 18 ③ 15 ④ 21 ⑤ 10
⑥ 17 ⑦ 10 ⑧ 10 ⑨ 15 ⑩ 13

제8회

23쪽_ 1교시

① 22 ② 25 ③ 27 ④ 26 ⑤ 27
⑥ 20 ⑦ 20 ⑧ 20 ⑨ 20 ⑩ 26

24쪽_ 2교시

① 18 ② 13 ③ 17 ④ 19 ⑤ 12
⑥ 10 ⑦ 15 ⑧ 15 ⑨ 12 ⑩ 18

25쪽_ 3교시

① 19 ② 12 ③ 16 ④ 17 ⑤ 14
⑥ 15 ⑦ 14 ⑧ 13 ⑨ 17 ⑩ 11

제9회

26쪽_ 1교시

① 20 ② 21 ③ 20 ④ 20 ⑤ 20
⑥ 25 ⑦ 20 ⑧ 20 ⑨ 23 ⑩ 21

27쪽_ 2교시

① 19 ② 16 ③ 13 ④ 16 ⑤ 16
⑥ 20 ⑦ 17 ⑧ 17 ⑨ 14 ⑩ 15

28쪽_ 3교시

① 18 ② 20 ③ 14 ④ 14 ⑤ 18
⑥ 15 ⑦ 17 ⑧ 10 ⑨ 16 ⑩ 15

제10회

29쪽_ 1교시

① 20 ② 28 ③ 20 ④ 27 ⑤ 19
⑥ 18 ⑦ 22 ⑧ 20 ⑨ 20 ⑩ 21

30쪽_ 2교시

① 15 ② 13 ③ 16 ④ 14 ⑤ 16
⑥ 12 ⑦ 13 ⑧ 13 ⑨ 16 ⑩ 10

31쪽_ 3교시

① 19 ② 12 ③ 17 ④ 15 ⑤ 11
⑥ 20 ⑦ 17 ⑧ 11 ⑨ 19 ⑩ 20

제11회

32쪽_ 1교시

① 21 ② 24 ③ 25 ④ 22 ⑤ 19
⑥ 20 ⑦ 20 ⑧ 26 ⑨ 19 ⑩ 20

33쪽_ 2교시

① 18 ② 19 ③ 19 ④ 15 ⑤ 18
⑥ 10 ⑦ 17 ⑧ 16 ⑨ 10 ⑩ 11

34쪽_ 3교시

① 10 ② 18 ③ 17 ④ 15 ⑤ 12
⑥ 15 ⑦ 16 ⑧ 10 ⑨ 16 ⑩ 17

제12회

35쪽_ 1교시

① 24 ② 20 ③ 25 ④ 22 ⑤ 22
⑥ 20 ⑦ 25 ⑧ 20 ⑨ 20 ⑩ 19

36쪽_ 2교시

① 16 ② 17 ③ 16 ④ 18 ⑤ 11
⑥ 13 ⑦ 13 ⑧ 19 ⑨ 15 ⑩ 17

37쪽_ 3교시

① 10 ② 15 ③ 10 ④ 12 ⑤ 10
⑥ 16 ⑦ 14 ⑧ 13 ⑨ 10 ⑩ 12

제13회

38쪽_ 1교시

① 20 ② 20 ③ 20 ④ 21 ⑤ 20
⑥ 18 ⑦ 26 ⑧ 20 ⑨ 21 ⑩ 21

39쪽_ 2교시

① 19 ② 20 ③ 12 ④ 19 ⑤ 11
⑥ 17 ⑦ 20 ⑧ 17 ⑨ 11 ⑩ 20

40쪽_ 3교시

① 20 ② 16 ③ 10 ④ 14 ⑤ 18
⑥ 15 ⑦ 12 ⑧ 17 ⑨ 14 ⑩ 18

제14회

41쪽_ 1교시

① 25 ② 21 ③ 19 ④ 20 ⑤ 25
⑥ 25 ⑦ 23 ⑧ 25 ⑨ 24 ⑩ 23

42쪽_ 2교시

① 10 ② 19 ③ 14 ④ 19 ⑤ 13
⑥ 12 ⑦ 12 ⑧ 19 ⑨ 17 ⑩ 18

43쪽_ 3교시

① 10 ② 10 ③ 10 ④ 11 ⑤ 11
⑥ 13 ⑦ 14 ⑧ 20 ⑨ 20 ⑩ 19

제15회

44쪽_ 1교시

① 22 ② 20 ③ 26 ④ 22 ⑤ 30
⑥ 21 ⑦ 20 ⑧ 20 ⑨ 21 ⑩ 20

45쪽_ 2교시

① 17 ② 18 ③ 20 ④ 18 ⑤ 14
⑥ 20 ⑦ 16 ⑧ 20 ⑨ 16 ⑩ 13

46쪽_ 3교시

① 13 ② 20 ③ 16 ④ 18 ⑤ 20
⑥ 18 ⑦ 11 ⑧ 20 ⑨ 13 ⑩ 10

제16회

47쪽_ 1교시

① 21 ② 22 ③ 20 ④ 25 ⑤ 21
⑥ 21 ⑦ 20 ⑧ 21 ⑨ 25 ⑩ 21

48쪽_ 2교시

① 14 ② 15 ③ 16 ④ 13 ⑤ 20
⑥ 12 ⑦ 19 ⑧ 18 ⑨ 21 ⑩ 20

49쪽_ 3교시

① 10 ② 16 ③ 20 ④ 12 ⑤ 16
⑥ 20 ⑦ 13 ⑧ 18 ⑨ 16 ⑩ 17

제17회

50쪽_ 1교시

① 20 ② 26 ③ 25 ④ 25 ⑤ 25
⑥ 15 ⑦ 20 ⑧ 29 ⑨ 20 ⑩ 21

51쪽_ 2교시

① 17 ② 15 ③ 11 ④ 18 ⑤ 20
⑥ 20 ⑦ 20 ⑧ 13 ⑨ 16 ⑩ 18

52쪽_ 3교시

① 10 ② 12 ③ 13 ④ 14 ⑤ 16
⑥ 20 ⑦ 15 ⑧ 20 ⑨ 13 ⑩ 19

제18회

53쪽_ 1교시

① 20 ② 26 ③ 20 ④ 21 ⑤ 20
⑥ 19 ⑦ 20 ⑧ 21 ⑨ 20 ⑩ 25

54쪽_ 2교시

① 14 ② 15 ③ 13 ④ 17 ⑤ 18
⑥ 20 ⑦ 20 ⑧ 11 ⑨ 20 ⑩ 20

55쪽_ 3교시

① 14 ② 20 ③ 17 ④ 19 ⑤ 17
⑥ 20 ⑦ 17 ⑧ 11 ⑨ 20 ⑩ 18

제19회

56쪽_ 1교시

① 20 ② 23 ③ 24 ④ 20 ⑤ 25
⑥ 25 ⑦ 26 ⑧ 24 ⑨ 20 ⑩ 19

57쪽_ 2교시

① 19 ② 18 ③ 16 ④ 20 ⑤ 14
⑥ 11 ⑦ 15 ⑧ 11 ⑨ 20 ⑩ 18

58쪽_ 3교시

① 13 ② 19 ③ 16 ④ 14 ⑤ 11
⑥ 15 ⑦ 18 ⑧ 16 ⑨ 12 ⑩ 12

제20회

59쪽_ 1교시

① 20 ② 21 ③ 25 ④ 26 ⑤ 18
⑥ 20 ⑦ 21 ⑧ 22 ⑨ 21 ⑩ 23

60쪽_ 2교시

① 15 ② 19 ③ 11 ④ 16 ⑤ 14
⑥ 12 ⑦ 18 ⑧ 20 ⑨ 17 ⑩ 15

61쪽_ 3교시

① 13 ② 14 ③ 21 ④ 17 ⑤ 18
⑥ 14 ⑦ 19 ⑧ 20 ⑨ 14 ⑩ 14

제21회

62쪽_ 1교시

① 19 ② 25 ③ 25 ④ 20 ⑤ 20
⑥ 23 ⑦ 26 ⑧ 21 ⑨ 18 ⑩ 21

63쪽_ 2교시

① 16 ② 20 ③ 20 ④ 19 ⑤ 16
⑥ 15 ⑦ 13 ⑧ 12 ⑨ 15 ⑩ 15

64쪽_ 3교시

① 15 ② 16 ③ 16 ④ 14 ⑤ 13
⑥ 13 ⑦ 20 ⑧ 20 ⑨ 12 ⑩ 20

제22회

65쪽_ 1교시

① 21 ② 21 ③ 22 ④ 21 ⑤ 21
⑥ 22 ⑦ 20 ⑧ 20 ⑨ 25 ⑩ 27

66쪽_ 2교시

① 18 ② 15 ③ 17 ④ 20 ⑤ 18
⑥ 17 ⑦ 10 ⑧ 18 ⑨ 20 ⑩ 20

67쪽_ 3교시

① 14 ② 20 ③ 19 ④ 16 ⑤ 18
⑥ 15 ⑦ 12 ⑧ 20 ⑨ 11 ⑩ 10

제23회

68쪽_ 1교시

① 21 ② 27 ③ 20 ④ 22 ⑤ 25
⑥ 21 ⑦ 24 ⑧ 21 ⑨ 22 ⑩ 23

69쪽_ 2교시

① 14 ② 17 ③ 14 ④ 11 ⑤ 19
⑥ 12 ⑦ 10 ⑧ 10 ⑨ 12 ⑩ 18

70쪽_ 3교시

① 10 ② 12 ③ 10 ④ 13 ⑤ 19
⑥ 14 ⑦ 15 ⑧ 16 ⑨ 11 ⑩ 16

제24회

71쪽_ 1교시

① 19 ② 20 ③ 18 ④ 23 ⑤ 28
⑥ 22 ⑦ 20 ⑧ 19 ⑨ 22 ⑩ 20

72쪽_ 2교시

① 20 ② 14 ③ 15 ④ 14 ⑤ 15
⑥ 17 ⑦ 17 ⑧ 11 ⑨ 12 ⑩ 10

73쪽_ 3교시

① 20 ② 20 ③ 11 ④ 12 ⑤ 18
⑥ 14 ⑦ 20 ⑧ 20 ⑨ 15 ⑩ 12

제25회

74쪽_ 1교시

① 21 ② 13 ③ 20 ④ 21 ⑤ 20
⑥ 25 ⑦ 22 ⑧ 22 ⑨ 25 ⑩ 18

75쪽_ 2교시

① 14 ② 18 ③ 20 ④ 10 ⑤ 20
⑥ 18 ⑦ 21 ⑧ 16 ⑨ 17 ⑩ 18

76쪽_ 3교시

① 10 ② 10 ③ 20 ④ 17 ⑤ 21
⑥ 10 ⑦ 10 ⑧ 16 ⑨ 10 ⑩ 14